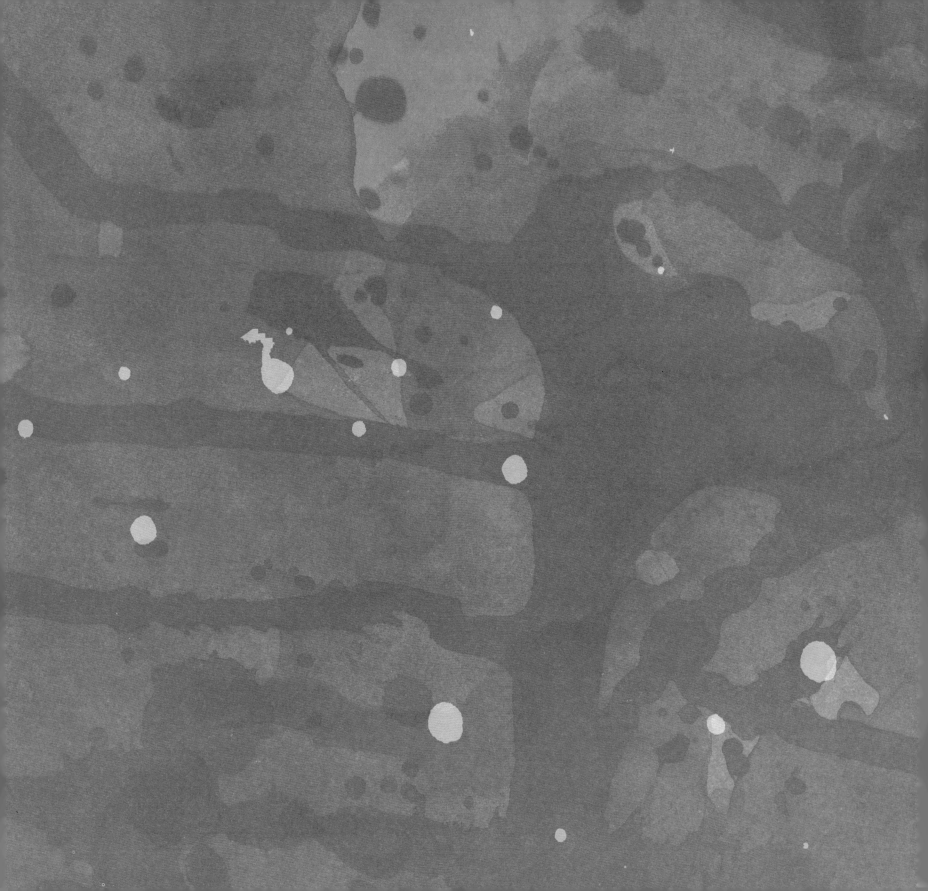

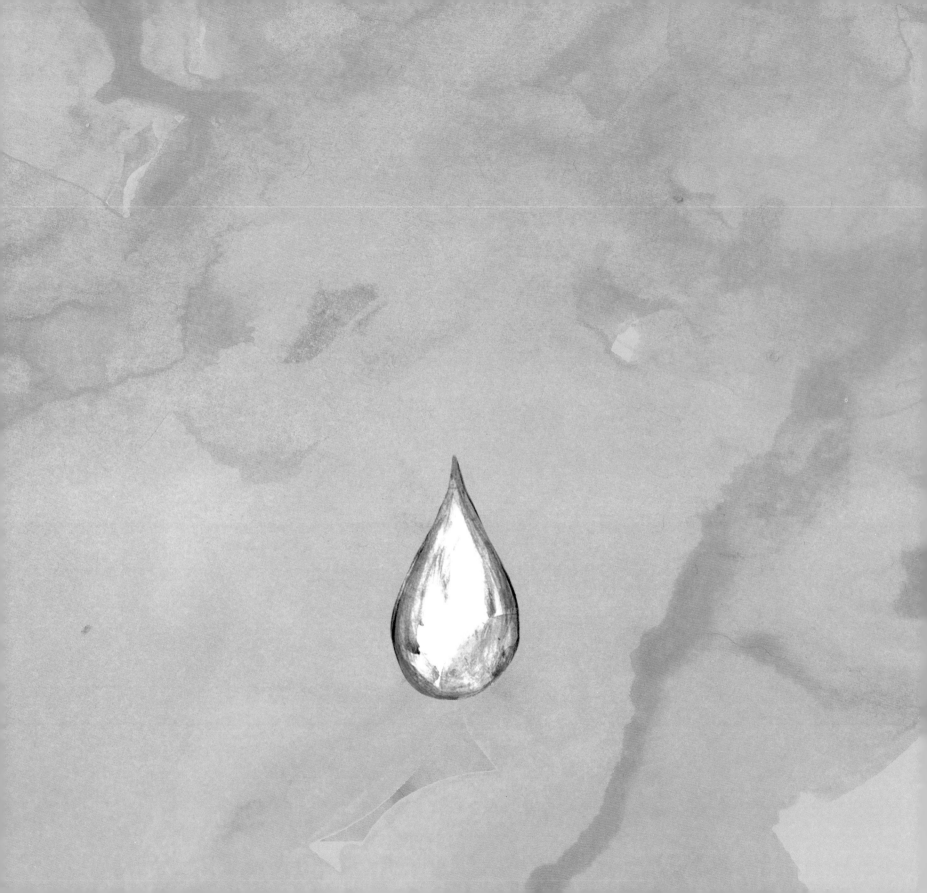

图书在版编目(CIP)数据

小水滴，大秘密 / (英) 安娜·克雷伯恩
(Anna Claybourne) 著；(英) 萨莉·加兰
(Sally Garland) 绘；张蘅译. -- 北京：北京语言大
学出版社, 2020 (2021.11重印)
ISBN 978-7-5619-5614-4

Ⅰ. ①小… Ⅱ. ①安… ②萨… ③张… Ⅲ. ①水－儿
童读物 Ⅳ. ①P33-49

中国版本图书馆CIP数据核字(2020)第209763号

THIS DROP OF WATER
First published in Great Britain in 2018 by The Watts Publishing Group (on behalf of
its publishing imprint Franklin Watts, a division of Hachette Children's Group)
Copyright © The Watts Publishing Group Limited
All rights reserved.

This Simplified Chinese edition was published in 2020 by Beijing New Oriental
Dogwood Cultural Communications Co., Ltd. and by arranged through CA-Link
International LLC.

北京市版权局著作权合同登记图字：01-2019-4671号

小水滴，大秘密
XIAO SHUIDI, DA MIMI

作　者：[英]安娜·克雷伯恩		责任编辑：于华颖	
绘　者：[英]萨莉·加兰		封面设计：申海风	
译　者：张蘅		版式设计：申海风	

出版发行：北京语言大学出版社
社　　址：北京市海淀区学院路15号
邮政编码：100083
网　　站：www.blcup.com
电　　话：发行部（010）62605588 / 5128
　　　　　编辑部（010）62418641
　　　　　邮购电话（010）62605127
印　　刷：炫彩（天津）印刷有限责任公司
经　　销：全国新华书店

版　次：2020年12月第1版	印　次：2021年11月第2次印刷
开　本：787毫米×1092毫米　1/12	印　张：4.67
字　数：58千字	定　价：49.00元

小水滴，大秘密

奇妙的水循环

[英]安娜·克雷伯恩 / 著

[英]萨莉·加兰 / 绘

张蘅 / 译

北京语言大学出版社
BEIJING LANGUAGE AND CULTURE
UNIVERSITY PRESS

目录

雷暴

那是一个骄阳似火、酷热难耐的夏日，
人们都待在花园里。
突然间……

轰隆隆！ 电闪雷鸣！

下雨啦！
雨滴军团从天而降。

**成百上千颗雨滴，
成千上万颗雨滴，
几百万、几千万颗雨滴！**

野餐怕是要泡汤了。
哦，天呐——粉笔画也保不住了！
不过，我爱这场雨，
凉凉的，真提神！
我玩起了用舌头捉雨滴的游戏。

一颗小雨滴急匆匆地
从天而降，越落越快，
直到……
啪！它击中了我，
不偏不倚，
正好打在鼻子上。

雨滴落下来，
渗进这烫脚的、布满尘土的地面。
它们在石头上蹦呀、跳呀；
打在树叶上，噼里啪啦；
落在屋顶上，滴滴答答；
也把我淋成了落汤鸡！

为什么夏天会有雷暴？
雨点儿到底是从哪里来，又要往哪里去呢？
我想知道答案！

7

水世界

一滴水，
就像这样，
它是水世界中
很小很小的一分子。

我们身处的地球，是个不折不扣的"水球"。
汪洋大海覆盖了地球表面一半以上的面积。
就陆地而言，这个比例更大——
小溪、河流、湖泊、池塘、水洼，不胜枚举。

那么，总共算下来，该有多少滴水呢？
那可是个天文数字！大约是$25×10^{24}$！
把这个数字写出来，就是下面的样子……

25,000,000,000,000,000,000,000,000

地球

海洋

陆地

水星

金星

地球

火星

木星

在几大行星中，要数地球"水量"最大。
地球上的水和环绕四周的云层
为它编织了一件蓝白主色的外衣。
地球像一颗旋转的弹珠，
又宛如漂浮在太空中的一滴水。

当我们向太空中远远望去，
可以看到其他行星。
这些行星和我们的"水球"截然不同，
它们要干燥得多。

地球上的水中之最

最长的河： 非洲尼罗河，长约6,853千米
最深的湖： 俄罗斯贝加尔湖，深约1,642米
最大的洋： 太平洋，面积约16,500万平方千米

天外来物

这些水都是从哪儿来的呢？
没有人知道确切的答案。

有人说，
它们来自撞击地球的
冰彗星和**小行星**。

也有人说，
构成地球的**岩石**
从一开始就含有水。

也许两种说法都对。

起初，地球上*滚烫滚烫*的。
当海洋刚刚形成时，
海水也是热的，如同洗澡水。

地球演化史

大约40亿年前，地球上出现了生命。

三叶虫

奇虾

怪诞虫

最早出现的生物诞生在水中，长相奇特。

水往低处流

提起一桶水，
把水倒出来，
会发生什么？

地球上的水多为液态，
或静静流淌，或喷涌而出，
或化身为千万颗水滴，
噼里啪啦，溅起或落下！

当液体流经斜坡时，
重力会将它向下牵引。

下雨时，也是同样的道理。

无论雨点落在哪儿，雨水都会**向下流**——直到没法儿再往下了，才会停下来。

雨水**落在山上**，汇聚成湍急的小溪。

小溪顺流而下，涌入更为宽阔的河流。

河水融入瀑布倾泻而下，

聚集在湖泊和池塘中。

最终，江湖河川的水一路向下，流入**海洋**。

汇入大海

为什么海洋是一片浩渺的水世界？

海洋是地球上海拔最低的地方，
所以，全体水滴都来这里集合。
江河里的水汇入大海时，
会将含盐的矿物成分
从岩石中冲刷出来，
所以海水**咸咸的**。

陆地海拔较高，

海床海拔较低。

由于潮涨潮落，海水沿海滩上下流动。

海洋
辽阔浩瀚，
广袤无垠，
一眼望不到边。

风吹过大海，
掀起层层波浪，
一浪高过一浪地
冲向海滩，
翻卷着，碎裂开来。

太空中，
月球绕着地球转。
每一天，
月球引力都牵引着海水，
形成潮汐，
带来潮涨潮落。

冲浪运动员乘着海浪前行。

水下王国

……有一派截然不同的景象。

在这里，动物不是在空气中呼吸，而是在水中呼吸。

动物需要呼吸氧气。
哺乳动物，比如我们人类，
通过肺来呼吸，从空气中获取氧气。

鱼以及许多其他海洋生物就不一样了，
它们长了一对鳃。
水流经过时，它们利用鳃从水中吸收氧气。

吸气……

16

如果你想去水下世界探索，
就必须穿戴专用
潜水装备。

鲸也是哺乳动物，它们浮到水面呼吸。

潜艇中有空气，
工作人员可以呼吸。

17

再见了，大海

江河里的水昼夜不停地汇入大海，
可海却没有变得更大，
这是为什么呢？

因为在有水流进大海的同时，
也有水离开大海。
水是怎么从海里溜走的呢？是**蒸发**掉的！
也就是说，水从液态转变为**气态**，
飘起来，混入空气中。

水蒸气

液体

阳光照射到海面上，
海水温度升高。
海平面的水转化为气态，
叫作"**水蒸气**"。

气体可以自由飘动，
不像液态水，
只往低处流。

水蒸气不断向上，
升到空中。

不论在海边，还是在内陆，
每时每刻，水都在蒸发着。

我们把衣服晾在院子里，
衣服里的水分会变成水蒸气，
分离到空气中。
衣服干啦！

烈日下，水洼里的水不断蒸发。
变！水洼不见了。

江河、湖泊、池塘里的水
也在不断蒸发着。

云卷云舒

水蒸气刚开始升空时，
我们是看不到它的。

水蒸气是隐形的。

但是当水蒸气升入高空，它的温度会变低。
低温使水蒸气开始**冷凝**，
换句话说，就是从气体变回液体，
凝结成一颗颗**小水滴**。

这些水滴很小，仍然能浮在空中。
它们反射太阳光，看上去白茫茫的。
在我们眼中，它们就成了像棉絮一样的白云。
每一片云朵都是由几百万颗**小水滴**构成的！

20

卷云——薄薄的高空云

积雨云——预示有雷阵雨

起风了，云涌动起来。
有的被吹到海洋周围，
有的被吹到陆地上空。
看——它们朝这边来了！

积云——在晴天出现

云的形状和纹理各不相同，
每种云都有自己的名字。
你能从天上找到它们吗？

层云——灰色的低空云，会生成雾和毛毛雨

下雨了

有了云，多久才会下雨呢？
要等温度足够低才行。

云升高后会变得更冷。
如果被吹到天气凉爽的地方，
也会变得更冷。

在低温云层中，
小水滴黏到一起，
形成较大较重的水滴。
大水滴遮住阳光，
所以云看上去灰暗而阴沉。
这是雨云！

过不了多久，水滴变得更大了，
无法悬浮在空气中，
于是降落下来，成为雨点。

下雨了！

现在，水又重新回到了起点……

水从天空落下，
奔往溪流、江河，
汇入大海。

它变成水蒸气，
上升到空气中，
形成云朵，
风儿吹着它来到陆地上空，
又变成雨。

每时每刻，
水都在进行着这样的变化，
这就叫作"**水循环**"。

冰天雪地

当气温极低时，
水会再次发生变化，
冻结成固态的冰。

液态的水能够**飞溅**、**流动**，
而**冰**是硬邦邦的，
形状固定不变。

雪由雨冻结成的**冰晶**构成。
雨水冻成硬硬的冰球，就成了**冰雹**。
而**流水**凝结，会形成冰柱。

高山和南极
被冰雪笼罩着，
天寒地冻，滴水成冰。

有些国家气候严寒，
水塘**冻**得结结实实的，
都能当滑冰场呢！

不过，遇见冰封的水塘，最好还是躲远点儿，安全第一！

25

水塑造的世界

水流动时，给人感觉软软的、柔柔的。
它滴落在手上，水花飞溅。

飞溅的**流水**
刚劲有力，鬼斧神工，
在平地上塑造出山谷、悬崖、沙土和卵石，
让世界成为现在的模样。
江河流经之处，
岩石慢慢磨损，日渐消失。
日复一日，形成深深的峡谷。

岩石**骨碌碌**地在河里**滚呀滚**，
滚成光滑的卵石。
卵石**咣当当**地在河床上**撞呀撞**，
冲蚀磨损着河床。

海浪**撞击**海岸，
在冲蚀作用下，
岩石**碎裂、坍塌**，
形成悬崖、卵石和沙土。

瀑布倾泻而下，
在地面冲出深深的**凹槽**，
形成瀑布潭。

山石因雨水和冰块
的打磨冲刷，
龟裂、破碎，
滚落到山下。

并非所有的水都流入江河和大海。

有些会往下、往下、再往下，一直渗入地面以下。

水渗进土壤，
植物的根系就有水"喝"了！

在地下深处，
岩石像海绵一样，
具有很强的吸水性。
水渗进岩石，在那儿储存起来，
这就是"地下水"。

地下水

人们通过掘井来开采地下水。

在地下,有些石头可以**溶**于水。
水流在岩石上凿出一个个小洞。
它们**越变越大**,最后形成地下的**洞穴**和**隧道**。

滴答……
滴答……
滴答……

水从洞顶滴下来。
每滴水都挂着点儿被溶解的岩石,
日积月累,便形成了**钟乳石**!
它们看上去好像一个个用岩石做成的冰柱。

被溶解的岩石也会在地面堆积起来,
这便是**石笋**!

29

水和植物

植物"做饭"需要用到三种食材，
分别是水、空气和阳光。

植物依靠根吸收水分，
导管自下而上
把水输送到植物体的各个部位。

植物利用水和从太阳光中获得的能量来
"做饭"，这就是"**光合作用**"。
植物进行光合作用时会通过叶片释放水蒸气。

实际上，所有生物都需要水才能存活。
生物体是由许多微小的细胞构成的，
而细胞必须充盈着水分才能正常工作。

水和动物

动物也需要水，
动物获取水的方式是喝水。

大象喜欢水。
它们用鼻子吸水，
给自己冲澡！

这是**长颈鹿**的高难度喝水姿势，太不容易了！

我的**猫咪**讨厌水，
但大型猫科动物中不乏游泳健将，
狮子会游泳，**老虎**也会！

鳄鱼和**河马**是喜欢待在河里的动物，
它们一生中大部分时间都生活在水里。

动物怎样面对**缺水的环境**？

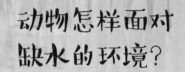

骆驼的驼峰里储存着脂肪，
脂肪在体内分解时能附带产生水分。

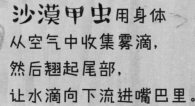

沙漠甲虫用身体从空气中收集雾滴，
然后翘起尾部，
让水滴向下流进嘴巴里。

水和人类

喝下一滴水，会发生什么呢？

水没什么味道，不费劲儿就能咽下去。
嗯，感觉不错，凉凉的。
水向下流到嗓子，
接着又流进胃里。

水经过肠胃进入**血液循环**，
流向全身。

身体所有部位都需要水：
大脑、心脏这些器官需要水，
肌肉、骨骼、皮肤这些身体零部件也需要水，
构成身体的一切微小的细胞都需要水。

我们需要水来制造汗液、
眼泪和唾液（就是口水啦），
多余的水分以尿液的形式排泄出来，
也有少量水分通过呼吸排出体外。
天冷时，呵一口气，
小水珠会形成一片迷你的云朵。

每天，我大概要喝这么多水
来保持身体健康……

从食物中也能获取水分，比如一根水灵灵的黄瓜。

实际上，人的身体里大约有三分之二都是水！
婴儿的身体里几乎全是水。
而老年人，比如曾祖父，
体内的水分只勉强占到一半。

35

打开水龙头

我从水龙头里取水。
水龙头一打开，
清洁的水
就流了出来，
轻而易举！

等一等！
水是怎么进到水龙头里的呢？

水龙头里的水
同样处于**水循环**之中。

它主要来自天上的雨水和雪水。
当"天空之水"流进溪流、江河，
我们用宽阔的"湖泊"
（也就是"**水库**"）把水储存起来，
再用管道把水输送到水处理厂
进行净化处理。

过滤设备滤掉水中的**树叶**、**树枝**和**污垢**,
并加入化学物质灭菌。
清洁的水通过自来水管道
被输送到各个城镇,
流入每家每户的水龙头、浴池,
还有淋浴器和坐便器里。

污水处理

洗澡或者
洗碗之后，
水会流走
——
从排水孔流下去。

水去哪儿了呢？
污水顺着排水管
向下流入大型地下隧道，
也就是"下水道"。

洗涤槽、浴缸和坐便器都通着下水道。
下水道里除了污水，
还有大小便和剩菜剩饭……
可真臭呀!
老鼠和蟑螂的老巢也在这里。

下水道

污水处理厂

在**大城市**，
清洁的水
可以回流到水管中，
再次循环利用！

下水道将污水输送到
另一座**污水处理厂**，
以不同的方法对其进行净化处理，
之后，水又重新回到江河湖海中。

宝贵的水资源

水是我们赖以生存的资源，
我们需要清洁的水。

不干净的水含有**病菌**和**虫子**，
会让人染上可怕的疾病。

我们需要花费**一番工夫**才能将水净化，
并通过管道送到居民家中。
我们实在不应该浪费水。

我刷牙时会关掉水龙头。
我洗淋浴的时间也不会太久！

有些地区没有污水处理厂。

这里的人们要么喝井水，要么直接喝河水或池水，
这些水都不够干净。

有些地方闹旱灾，
这意味着降雨量不足，水不够喝。

洪涝是另一种灾害。污浊泥泞的水淹没了住宅和街道。
清洁的生活用水中一旦混入污水，
就不能安全饮用了。

救援人员救人时会带上干净的水。
被救者喝下这样的饮用水后，
会感觉更舒适，也更易存活下来。

每一滴水都弥足珍贵。

41

水循环

雷暴停了，阳光闪耀着，
瞧，彩虹出现了！

太阳光**照射**着空中的小水滴，
光线在每个小水滴里发生折射和反射，
分解成一道**七彩的光带**。
虽然暴风雨停了，但更多的天气现象还在酝酿中，
天空中仍然悬浮着许许多多的小水滴。

接下来还会有更多的**降雨**，
更多的**湖泊**被填满，
更多的**浴池、淋浴间**和**坐便器**向外排水，
更多的水将流入**江河**，汇入**大海**，
会生成更多的**云团**，
于是，又会有更多的雨落下来。

水通过**水循环**，周而复始，不断轮回。
水不会变旧，也不会消失，但过度开采，
也会短暂枯竭。

奇怪的水

水是世界上最常见的一种东西。

水**遍布**我们周围，
又**充盈**在我们体内。
地上有水，
地下有水，
天空中也有水。
我们**喝**水，用水洗澡，
在水里游泳嬉戏。

水又是一种**很奇怪**的东西。
水冻结成冰后，
体积**变大**，密度**变小**，
能够浮在水面上，
这一点大多数液体可办不到！

更奇怪的是，
热水比凉水冻结得更快。

44

构成水的微小分子
相互牵拉，
产生表面张力。
正是这种力将水分子**凝聚**成水滴。

这种力还给水覆上了一层
"**薄膜**"。
事实上并没有什么薄膜，
是表层的水
起到了薄膜的作用。
身材小巧轻盈的动物，
例如水蜘蛛，
就可以站立在水面上。

**对小昆虫来说，
水很稠，很黏。**

趣味探索

缝衣针和曲别针的"水上轻功"

金属材质的缝衣针和曲别针的密度比水大,
把这两样东西扔进一碗水里,
它们会沉入水底,浮不起来。
但你可以借助水的**表面张力**
让它们"稳坐"在水面上。
把碗里倒满水,等水静止下来,
将一枚金属曲别针轻轻平放到水面。
如果不好操作,可以先把一截厨房卷纸铺在水上,
再慢慢地把曲别针放上去。

用玻璃瓶制作水循环装置

向玻璃瓶底部倒些温水,
拿个小盘子,或者把瓶盖倒过来放到瓶子上,
再往上面加一些冰块。
水开始**蒸发**,上升,形成一朵一朵的"云"。
当"云"碰到冰冷的盘子或瓶盖时,会凝成水滴,
像雨点一样滴落下来。

用玻璃杯制造彩虹

往玻璃杯里倒入水，
将玻璃杯靠近有阳光的窗台，并放在一张白纸上。
当阳光照射到玻璃杯时，
这杯水就会像水滴那样，
把阳光分解成七色光带——
你能够在纸上看到一条"彩虹"。

膨胀的冰块

往塑料瓶里灌满水。
不盖瓶盖，把瓶子放进冷冻室，
瓶口上面要留出一些空间。
过上一夜，等水冻成冰后再把瓶子拿出来。
瞧，水的体积增大了，成了一个"迷你冰塔"！

词汇表

小行星 环绕太阳运行的天体。

彗星 环绕太阳运行的一团石块和冰物质。

重力 将物体向地心牵引的一种力。

矿物 天然存在于地球上的无生命物质，例如金属、宝石。

潮汐 海平面一天涨落两次的规律性变化现象。

鳃 鱼等水生动物的呼吸器官。

氧气 空气和水中含有的一种气体，是生物呼吸和生存所必需的。

蒸发 液体转化为气体。

气态 一种轻巧松散的物质状态。物质在气态下通常是看不见的。水和其他物质均能以气态形式存在。

液态 可流动的物质形态，水和其他物质均能以液态形式存在。

水蒸气 呈气态的水。

冷凝 从气体转变为液体。

水循环 水从海洋进入空气，以雨雪等形式降落，汇入河流，重返海洋的现象。

固态 有固定形状的物质形态，水和其他物质均能以固态形式存在。

地下水 积聚在地面之下的水。

钟乳石 在溶洞内形成并悬在洞顶的狭长形物体。

石笋 溶洞由地面自下而上堆积而成的狭长结构。

光合作用 植物利用太阳光能合成食物并得以生长的过程。

细胞 构成生物体的微型单位。

水库 用于蓄水的湖泊（有些是人工湖）。

洪滞 洪水淹没农田所造成的灾害现象。

密度 物质单位体积的质量。

表面张力 让水聚集成水滴的力，仿佛给水覆上了一层"薄膜"。

专家推荐

水是生命之源，滋养着自然界的万物。云卷云舒、雨雪霜雾等许多自然现象都和水息息相关。小水滴有着大秘密！本书用通俗易懂的文字回答了关于水的各种问题：地球上水的来源，水的形态，水对地球面貌的改造，水与生命的关系，水循环……精美的绘图直观地呈现了这些内容。相信本书可以让孩子全面了解上天入地、无所不能的小水滴，使孩子在学习知识的同时认识到水资源的珍贵，更好地保护水资源。

—— 北京自然博物馆 王宝鹏

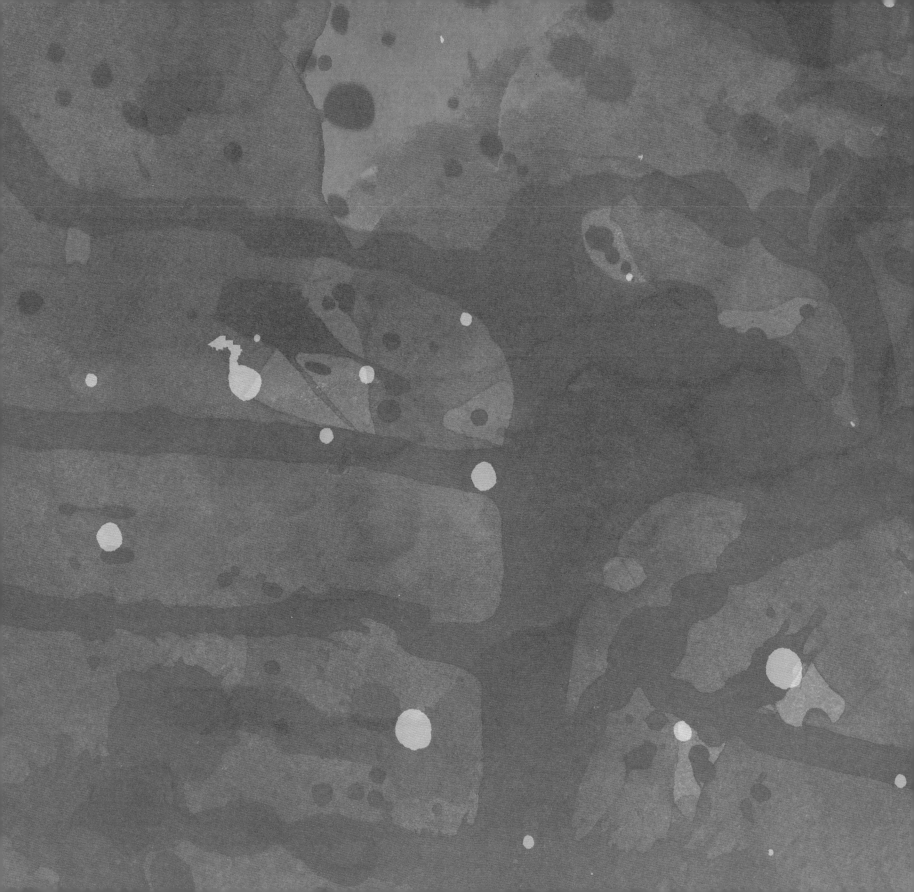

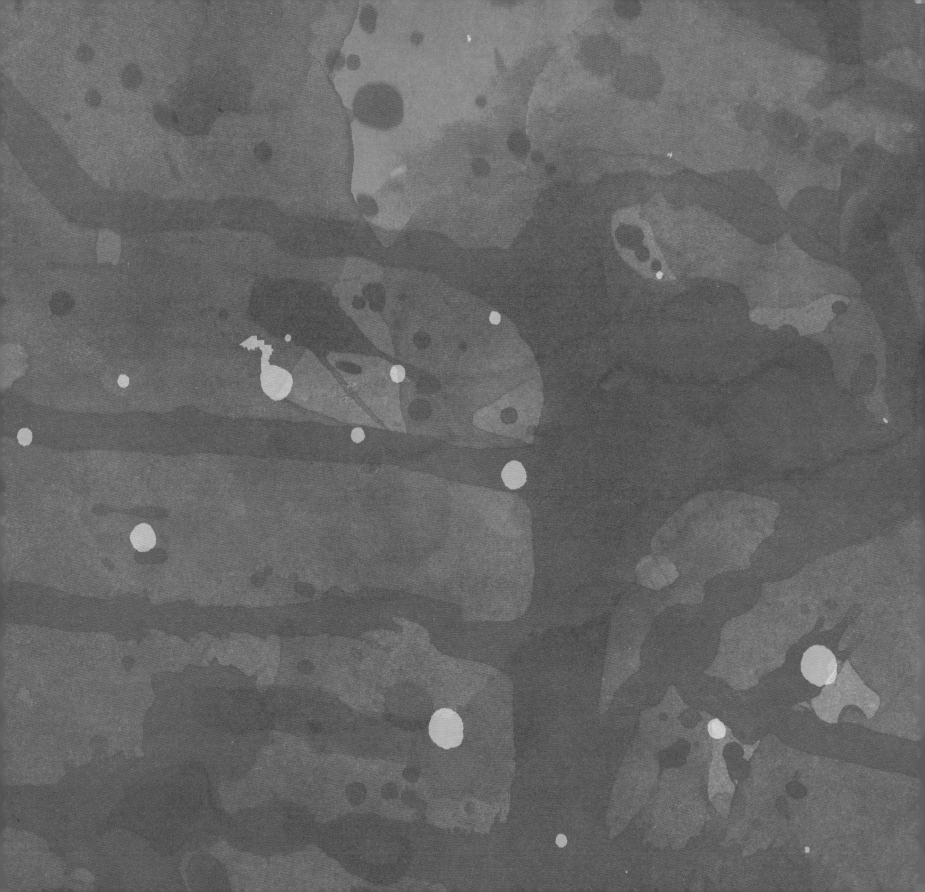